Smita Venkatesh
Kumar Venkatesh

Tecnologia de tratamento de águas residuais de corantes

Smita Venkatesh
Kumar Venkatesh

Tecnologia de tratamento de águas residuais de corantes

ScienciaScripts

Cover image: www.ingimage.com

This book is a translation from the original published under ISBN 978-3-639-66623-6.

Publisher:
Sciencia Scripts
is a trademark of
Dodo Books Indian Ocean Ltd. and OmniScriptum S.R.L publishing group

120 High Road, East Finchley, London, N2 9ED, United Kingdom
Str. Armeneasca 28/1, office 1, Chisinau MD-2012, Republic of Moldova, Europe
Managing Directors: Ieva Konstantinova, Victoria Ursu
info@omniscriptum.com

Printed at: see last page
ISBN: 978-620-8-51872-1

Índice

RESUMO

Para controlar o custo total do tratamento de efluentes de tintas têxteis, foi investigada uma nova tecnologia avançada de tratamento combinado. Os processos de oxidação avançados, como a ozonização, têm muito potencial para degradar o corante, mas o seu principal inconveniente é o custo elevado. Para reduzir o custo da ozonização para a degradação e descoloração do corante, procedeu-se à ozonização seguida de biodegradação anaeróbia utilizando um reator de manta de lamas anaeróbias de fluxo ascendente (UASB). Foram também analisados os parâmetros operacionais como o pH, a condutividade e o carbono orgânico total (TOC). Foram estudados os efeitos da ozonização na redução da carência química de oxigénio (CQO), na mineralização e na descoloração do corante azo. Os resultados observaram que a degradação do corante aumenta com o aumento do tempo de ozonização. As águas residuais têxteis sintéticas contendo Reactive Black 5 e Acid Red 14 foram utilizadas neste estudo através deste processo de tratamento combinado. No caso do Reactive Black 5, o sistema de ozonização e tratamento anaeróbio por reator UASB mostrou que a redução da carência química de oxigénio (COD) atingiu cerca de 90% e a remoção do corante 94%, respetivamente. O tratamento combinado aumentou a remoção global de cor até 10 na escala de platina-cobalto (Pt-Co).

A baixa dose de ozono, reduziu 75% da COD e degradou 95% do corante após 20 minutos de ozonização no caso da solução sintética do corante Acid red 14. A ozonização resultou no aumento da relação CBO5/COD das soluções de corante. Foi efectuado um tratamento combinado em que a ozonização seguida de biodegradação anaeróbia foi realizada para reduzir o custo da ozonização para uma degradação máxima do corante. O tratamento combinado melhorou significativamente a eficiência global de remoção de CQO, COT e cor. O tratamento anaeróbio subsequente à ozonização, através de um reator de fluxo ascendente de lamas anaeróbias (UASB), mostrou uma elevada redução da CQO até 85% e uma remoção do corante de 98%, respetivamente.

Assim, o processo de tratamento combinado resulta numa elevada eficiência de remoção da cor, da CQO e do carbono orgânico total (COT), o que minimizaria o custo global do tratamento. Os produtos de degradação do corante foram analisados por cromatografia iónica (IC) e espetroscopia UV-Vis.

Palavras-chave: Reactive Black 5; Acid Red 14; Decolourização; Degradação; Ozonização; Biodegradação anaeróbia; Reator UASB; Subprodutos.

Capítulo 1

1. INTRODUÇÃO

As águas residuais das indústrias têxteis contêm produtos químicos tóxicos e poluentes que requerem tratamento antes da sua descarga no ambiente aquático. Os corantes azóicos são vulgarmente utilizados na Índia em muitas indústrias, como as fábricas de têxteis, de papel e de pasta de papel, etc., e causam uma grande poluição ambiental. Devido à sua elevada estabilidade química e cor, as águas residuais têxteis tornaram-se o problema mais grave da indústria têxtil. A indústria têxtil gera águas residuais altamente poluentes porque contém corantes, normalmente compostos orgânicos com estruturas complexas que são altamente solúveis em água e facilmente hidrolisados. A produção de águas residuais altamente coloridas pela indústria de tingimento de têxteis é considerada uma das águas residuais mais tóxicas da Índia. Na indústria têxtil, os corantes complexos são utilizados como agentes corantes. Os corantes azóicos, utilizados principalmente na indústria de tingimento de têxteis, são um dos maiores grupos de corantes sintéticos e os corantes sintéticos mais comuns libertados no ambiente (Saratale et al., 2009a). Os compostos coloridos nas massas de água são indesejáveis devido ao seu impacto na fotossíntese das plantas aquáticas, à natureza carcinogénica de muitos destes corantes e dos seus produtos de decomposição e afectam o mérito estético, a transparência da água, a solubilidade do gás e podem ser tóxicos para a vida aquática nas massas de água, estas caraterísticas dos corantes afectam os métodos de limpeza da água. A indústria de tingimento de têxteis produz águas residuais tóxicas em grandes volumes a partir de várias fases dos processos de tingimento e acabamento. Durante o processo de tingimento, cerca de 40-90% do corante é fixado ao tecido, enquanto o restante é eliminado como águas residuais de tingimento. Este tipo de águas residuais tem uma elevada concentração de corante não fixado, ou seja, 2000 ppm, um elevado teor de sal, auxiliares de tingimento e outros produtos químicos (Khare, 2007). Existem muitos métodos disponíveis para o tratamento de corantes azóicos. Vários métodos físicos, como a filtração por membrana, a osmose inversa e a eletrodiálise, vários métodos químicos, como a coagulação/floculação, a precipitação, a flotação, a permuta iónica, a eletrólise e a oxidação avançada, juntamente com métodos biológicos, incluindo a degradação aeróbia e anaeróbia (Dos Santos al., 2007; Chaudhari et al., 2011). A Figura 1 mostra o diagrama de fluxo dos métodos de tratamento de águas residuais de corantes têxteis (Praveen Kumar et al., 2012). Biati et al., (2014) observaram que os vários parâmetros como o pH, a temperatura, o tempo, a eluição e a regeneração são um fator essencial que afecta a conceção do tratamento. Os métodos físicos, como a adsorção, a irradiação e a permuta iónica, têm potencial para tratar águas residuais de corantes. A adsorção é eficaz na destruição de corantes. A quitina como adsorvente, que contém azoto aminado, tem uma elevada capacidade de adsorção de corantes ácidos. Em geral, a adsorção remove substâncias orgânicas que não são decompostas biologicamente. A seleção do adsorvente depende de caraterísticas como a elevada afinidade, a capacidade para os compostos-alvo e a possibilidade de regeneração do adsorvente (Subramaniam et al., 2009). O carvão ativado possui uma elevada capacidade de adsorção para a remoção de corantes ácidos e básicos. A oxidação química é o método mais comum, também conhecido como descoloração química. Este processo destrói o corante por oxidação, resultando na clivagem do anel aromático das moléculas do corante (Raghavacharya et al., 1997). Os inconvenientes deste método são o custo excessivo e a lama (Ghar et al., 1994). A coagulação, útil para a remoção de corantes decompostos, só é eficaz para águas residuais de corantes insolúveis (Kang et al., 2000). Para os corantes dispersos , o método dos compostos clorados não é adequado. As taxas de descoloração aumentam com o aumento da concentração de cloro e com a diminuição do pH do meio (Robinson et al., 2001b). As limitações deste processo são o elevado custo da eletricidade que é necessária para a sua implementação (Morawski et al., 2001). O tratamento de águas residuais de corantes azóicos através de métodos biológicos envolve a utilização de vários microrganismos, como bactérias, fungos, leveduras e algas, para degradar os corantes azóicos (Saratale et al., 2011). Certos microrganismos têm a probabilidade de mineralizar os corantes azóicos sem produzir subprodutos tóxicos (Ali, 2010). Os corantes sintéticos resistem geralmente à biodegradação bacteriana aeróbia devido à natureza de retirada de electrões das ligações cromóforas, por exemplo, as ligações azo obstruem a suscetibilidade do corante a reacções oxidativas. Os efluentes têxteis não podem ser tratados eficazmente por métodos convencionais ou por métodos biológicos, químicos e físicos.

O processo de oxidação avançada é uma tecnologia útil para os seus muitos aplicações como a destruição de poluentes orgânicos sob a forma de redução da toxicidade, aumento da biodegradabilidade, redução da COD, bem como redução do odor e da cor. Os processos de oxidação avançada têm a capacidade de descolorar e mineralizar completamente os efluentes têxteis num curto período de reação sem produção de lamas no final. Pode ser viável para o tratamento de águas residuais de corantes porque decompõe as estruturas aromáticas dos corantes.

O ozono é um oxidante forte, que pode reagir com compostos aromáticos azo e destruir as suas ligações azo por duas vias de reação: uma via direta correspondente à atividade molecular e uma via indireta correspondente à atividade do radical livre. A ozonização é um dos processos mais eficazes para a descoloração de águas residuais de corantes e tem demonstrado uma elevada redução da cor e da DQO dos efluentes. Combinados, o processo de ozonização e o processo biológico anaeróbio têm a capacidade de degradar completamente os efluentes de corantes têxteis num curto período de reação sem produção de lamas. Pode ser viável para o tratamento de águas residuais de corantes porque decompõe as estruturas aromáticas. Foram desenvolvidas várias combinações de métodos de tratamento para processar eficazmente as águas residuais têxteis; recentemente, a oxidação química tornou-se um pré-tratamento importante do tratamento biológico (Tehrani-Bagha et al., 2010). No tratamento combinado do ozono com o método biológico das águas residuais, o ozono removeu a CQO, a cor e os agentes patogénicos e aumentou a biodegradabilidade das águas residuais. A redução da CQO foi contribuída simultaneamente pela ozonização e pelo mecanismo de tratamento biológico em doses mais baixas de ozono.). Schrank et al. (4) estudaram várias técnicas de processos de oxidação avançados (POA), como UV, TiO2/UV, O3 e O3/UV, para a degradação de poluentes presentes em águas residuais de corantes e referiram que a mineralização total consome energia e é dispendiosa. Antonio Marco et al., (1997) referiram que a mineralização total através do processo de oxidação é muito dispendiosa, enquanto que uma combinação do processo de oxidação e da opção biológica seria um método mais barato para a degradação dos compostos orgânicos totais das águas residuais tóxicas.

A ozonização como pré-tratamento de águas residuais de corantes têxteis é um passo eficiente para melhorar a biodegradabilidade das águas residuais, bem como reduzir a ecotoxicidade aguda, que pode ser completamente removida através de tratamento biológico sequencial (Somensi et al., 2010). Abidin et al., (2015) relataram que a aplicação de ozonização como pré-tratamento para o tratamento biológico pode mineralizar ainda mais as águas residuais contendo corantes. A DQO foi reduzida simultaneamente por ozonização e mecanismo de tratamento biológico em doses mais baixas de ozono (Abidin et al., 2011). Marisa et al., (2015) utilizaram um reator anaeróbio de biofilme seguido de ozonização para o tratamento de águas residuais têxteis contendo corantes azo. No tratamento combinado, ozonização e método biológico em águas residuais, o ozono removeu

DQO, cor e agentes patogénicos e aumentou a biodegradabilidade das águas residuais (De Souza et al., 2010).

Foi proposto um novo processo de tratamento combinado, ozonização e biodegradação anaeróbia por reator UASB, para verificar o efeito de degradação das águas residuais de corantes, de modo a criar um sistema de tratamento de águas residuais eficiente e económico.

1.1 CARACTERÍSTICAS DOS CORANTES AZÓICOS

Um corante é uma substância colorida que tem uma afinidade máxima com o substrato ao qual está a ser aplicada, utilizada principalmente na indústria têxtil para colorir tecidos. Os corantes são também utilizados na produção de solventes coloridos, papéis, plásticos, têxteis, alimentos, medicamentos e cosméticos. Uma classe de compostos aromáticos produzidos por síntese química, os corantes contêm cromóforos, ou seja, sistemas de electrões deslocalizados com ligações duplas conjugadas, bem como auxocromos, ou seja, substituintes que retiram ou doam electrões e que intensificam a cor do cromóforo através do processo de alteração da energia global do sistema de electrões. Os corantes mais utilizados são os corantes ácidos, os corantes diretos e os corantes reactivos (Robinson et al., 2001). Estes são corantes aniónicos e importantes corantes têxteis amplamente utilizados na Índia. Os corantes ácidos são solúveis em água e são aplicados em nylon, lã, seda e acrílico modificado (Tsai et al., 2004). Os corantes reactivos são altamente solúveis em água e são aplicados em fibras de celulose, lã, seda e nylon (Tyagi e Yadav, 1998). Os corantes diretos são aplicados em tecidos de algodão devido à elevada afinidade das moléculas destes corantes com as fibras de celulose.

A indústria de tingimento de têxteis produz águas residuais tóxicas em grandes volumes a partir de várias fases dos processos de tingimento e acabamento. O quadro

1 apresenta a classificação dos corantes. Durante o processo de tingimento, cerca de 40-90% do corante é fixado no tecido, enquanto o restante é eliminado como águas residuais de tingimento. Este tipo de águas residuais tem uma elevada concentração de corante não fixado, ou seja, 2000 ppm, um elevado teor de sal, auxiliares de tingimento e outros produtos químicos (Khare, 2007). O quadro 2 mostra o grau estimado de fixação de diferentes corantes para diferentes combinações de fibras (Easton, 1995).

Os corantes azóicos são caracterizados por ligações duplas azoto-nitrogénio (-N=N-) e constituem uma classe abundante de compostos orgânicos sintéticos coloridos utilizados em aplicações comerciais. Os corantes azóicos contêm entre um e quatro grupos azóicos, ligados a pelo menos um, mas normalmente a mais do que um grupo aromático (Wang et al., 2003) e os que contêm vários substituintes, tais como cloro (-Cl), metilo (- CH_3), nitro (-NO_2), amino (-NH_2), hidroxilo (-OH) e carboxilo (-COOH) (Chang et al., 2000). Principalmente os corantes azóicos, que representam a maior classe de corantes em produção, representando mais de 3000 variedades e cerca de 60-70% da quantidade total de corantes orgânicos atualmente utilizados nas indústrias têxtil, do papel, alimentar, do couro, cosmética e farmacêutica, da impressão em papel e do couro (Telke et al., 2008). Shaolan et al., (2010) observaram que a estrutura dos corantes é complicada, resultando numa maior dificuldade de degradação do efluente do corante.

Foram selecionados dois tipos de corantes azo, ou seja, Acid Red 14 e Reactive Black 5, devido à sua estrutura química complexa com vários grupos aromáticos azo.

O Acid Red 14 é um corante monoazo e o Reactive Black 5 é um corante diazo. Trata-se de importantes corantes têxteis amplamente utilizados na Índia. Os quadros 3 e 4 apresentam as caraterísticas do Acid Red 14 e do Reactive Black 5.

Capítulo 2

2. MATERIAIS E MÉTODOS

O Reactive Black 5 como solução sintética de corante di-azo foi utilizado para produzir águas residuais sintéticas. A concentração e o pH das águas residuais do corante eram muito elevados, ou seja, 1500mg/L e 10,13. A figura 2 mostra a estrutura química do Reactive Black 5. A solução de corante azo sintético Acid Red 14 foi utilizada com pH inicial e concentração de 10,7 e 1500mg/L. A figura 3 mostra a estrutura química do Acid Red 14. O volume de amostra de corante utilizado foi de 500 mL. O ozono foi gerado por um gerador de ozono do tipo descarga corona modelo Eltech el-5g/h.-A com um caudal de 5g/h. A ozonização da solução de corante foi realizada em modo descontínuo. A ozonização foi realizada em reator cilíndrico de coluna de bolhas com um diâmetro interno de 9,2cm e altura de 60cm. A Figura 4 mostra o diagrama esquemático do aparelho de ozonização. O oxigénio foi constituído para o ozonizador com uma pressão regulada no cilindro de 120 kg/cm^2, antes de entrar na célula geradora de ozono. A pressão foi ajustada para 2 kg/cm^2 usando o regulador de pressão do ozonizador. O oxigénio gasoso foi distribuído através de um rotâmetro. A concentração inicial de ozono e o caudal de ozono-oxigénio foram de 55,5 mg/L e 1,5LPM respetivamente. O equipamento foi arrefecido através de ar. Todas as experiências foram realizadas à temperatura ambiente. A ozonização foi realizada num reator cilíndrico de 4 litros com coluna de bolhas em Plexiglass. A mistura ozono-oxigénio foi introduzida através de um difusor poroso que gera bolhas finas no fundo do reator. O ozono residual no gás de escape foi distraído por MnO_2 anidro. Procedimentos detalhados de ozonização, incluindo o mecanismo de decomposição e análises experimentais foram descritos em trabalhos anteriores (Venkatesh et al., 2014). A eficiência de remoção de cor e CQO foi determinada pela seguinte equação.

$$C_{color\%} = \frac{C_{dye,i} - C_{dye,f}}{C_{dye,i}} \times 100 \qquad (1)$$

$$C_{COD\%} = \frac{COD_i - COD_f}{COD_i} \times 100 \qquad (2)$$

Onde C_{dye} (mg/L) é a concentração do corante e COD (mg/L) é a carência química de oxigénio da solução. Os valores "i" e "f" correspondem à hora inicial e à hora final de amostragem do tratamento.

A análise biológica foi realizada num reator UASB (upflow anaerobic sludge blanket) à escala laboratorial, apresentado na figura 5. A biomassa no reator UASB era constituída por lamas acondicionadas. Esta lama condicionada foi preparada utilizando lamas frescas alimentadas com meios sintéticos contendo 500 mg/L de sacarose durante 30 dias num laboratório. As lamas frescas foram obtidas do tanque do digestor anaeróbio de uma estação de tratamento de águas residuais baseada no processo de lamas activadas à escala real em Bakshibandh, Allahabad, Índia. O reator foi alimentado com águas residuais sintéticas contendo sacarose como fonte de carbono, cuja CQO era de 534 mg/L até se atingir o estado estacionário. O caudal foi de 25 ml/h, o que se traduziu numa velocidade de fluxo ascendente de 0,16 m/h e num tempo de retenção hidráulica (HRT) de 40 h. Yasar et al. (2010) referiram que o reator UASB apresenta uma melhor eficiência de remoção com um tempo de retenção hidráulica inferior. Depois de atingir uma condição de estado estacionário, o reator foi continuamente alimentado com águas residuais domésticas sintéticas de força média. Depois disso, o reator foi sujeito a soluções de corantes sintéticos ozonizados. As soluções de corantes azóicos ozonizados foram misturadas com águas residuais sintéticas numa proporção de 1:1. Para determinar a extensão da biodegradação anaeróbia, as soluções misturadas de corantes azóicos ozonizados foram utilizadas como alimento para bactérias anaeróbias e avaliadas quanto à extensão da biodegradabilidade no reator UASBreactor.

Capítulo 3

3. RESULTADOS E DISCUSSÃO

3.1 Efeito da ozonização em águas residuais de corantes

Observou-se uma diminuição do valor do pH das amostras do corante Reactive Black 5 durante a ozonização. Este diminui rapidamente de 10,13 para 3,30 em 25 minutos, enquanto a condutividade da solução de corantes aumenta durante a ozonização. No Acid Red 14, o pH inicial diminuiu rapidamente de pH 10,7 para 4,06 em 5 minutos com o tempo de ozonização, e de 4,06 para 2,65 em 25 minutos. O aumento da condutividade após a ozonização pode ser parcialmente atribuído a uma confirmação indireta da acumulação de iões. As figuras 6 e 7 mostram a variação do pH e da condutividade a 25°C.

Após 25 minutos de ozonização, a concentração inicial de água residual corante reduziu de 1500 mg/L para 97,4 mg/L e 98 mg/L em Reactive Black 5 e Acid Red 14, respetivamente. A degradação das moléculas dos corantes Reactive Black 5 e Acid Red 14 de elevada concentração exigiu um tempo de ozonização mais longo. A ozonização das soluções de corante reduziu a concentração de CQO. A redução de 70% da CQO do Acid Red 14 e de 50% da CQO do Reactive Black 5 ocorreu em 15 e 10 minutos de tempo de ozonização, embora em alguns casos os valores de CQO tenham aumentado com o tempo de ozonização. Um aumento no valor de CQO deveu-se principalmente a uma espécie orgânica produzida devido à destruição da estrutura molecular do corante azo pelo ozono (Constapel et al., 2009; Venkatesh et al., 2015). As Figuras 8 e

9 apresentam a concentração do corante e o declínio da DQO durante a ozonização da solução do corante Reactive Black 5. Fahmi et al., (2011) relataram que foram observados aumentos de CQO durante o processo de ozonização devido à oxidação das moléculas de corante, resultando na formação de pequenos fragmentos moleculares orgânicos, tais como ácido acético, aldeídos, cetonas, que não são completamente mineralizados sob as condições oxidativas, contribuindo para o aumento da CQO.

A cor da solução de corante Reactive Black 5 diminuiu exponencialmente com o aumento do tempo de ozonização. Atingiu cerca de 70% de descoloração em 10 minutos. A eficiência de descoloração foi de 94% após 25 minutos de ozonização investigada neste estudo. O tratamento de ozonização conduz a uma descoloração completa da solução de corante Acid Black 1 em 25 minutos (Paprocki et al., 2010). Um rápido declínio da cor (escala Pt-Co) e da absorvância mostra a dinâmica da descoloração na figura 10. Na solução do corante azo Reactive Black 5, a ozonização resultou em aumentos progressivos do rácio de biodegradabilidade. Aumentou de 0 para 0,4 após 25 minutos de ozonização. A extensão da mineralização das moléculas de corante pode ser explicada pela redução do teor de TOC devido à ozonização. Durante a ozonização, as moléculas de corante são oxidadas e mineralizadas pelo ataque do ozono aos anéis aromáticos e aos sítios insaturados das moléculas de corante. O TOC das soluções de corantes azóicos antes e depois da ozonização foi de 173,94 e 132,2mg/L, respetivamente. Outros investigadores (Gharbani et al., 2008; Tehrani-Bagha et al., 2010) também observaram resultados semelhantes na redução do COT por ozonização de soluções de corantes. Sundrarajan et al., (2007) relataram que a redução de 50% da DQO e 40% do COT foi alcançada por ozonização de um efluente de banho de tintura contendo vários corantes reactivos convencionais de diferentes tonalidades.

3.2 Mineralização de soluções de corantes azóicos ozonizados em reator UASB

Para determinar a extensão da biodegradação anaeróbia por bactérias anaeróbias no reator UASB, as soluções de corante após a ozonização foram misturadas com águas residuais sintéticas numa proporção de 1:1 e utilizadas como alimento para bactérias anaeróbias no reator UASB. Os resultados demonstraram que o desempenho do reator UASB variou entre 60 e 83% para a redução da CQO. O reator foi operado a uma taxa de carga orgânica baixa 0,1-/0,2 kg CQO/m^3d. A CQO afluente do Reactive Black 5 foi de 478,0 ± 3,00mg/L. Não foram observadas variações significativas nas caraterísticas do efluente. A DQO do efluente do UASB foi de 40,29 ± 2,46mg/L na solução do corante Preto Reativo 5. A DQO influente foi de 372,0 ± 4,0 mg/L em solução do corante Acid Red 14. A DQO do efluente do UASB foi de 64,6 ± 2,98 mg/L. As alterações do pH e da alcalinidade foram insignificantes. Ganesh et al., (2007) observaram que os reactores UASB atingiram uma eficiência de remoção orgânica total de 75-85%.

3.3 Análise da remoção de compostos orgânicos por processo combinado

A degradação do corante azo foi monitorizada pelo estudo da absorvância da amostra de corante não tratada e tratada na gama de absorvância UV de 200-1000nm. A figura 11 mostra as variações do espetro UV-Vis das soluções do corante Reactive Black 5. Os resultados indicam que o corante é destruído pelo ozono muito rapidamente. O pico do comprimento de onda especificado (λm_{ax}600nm) desapareceu e foi observada uma diminuição contínua da absorvância. A partir dos resultados, significa que a oxidação por ozono pode remover os orgânicos presentes nas amostras de águas residuais de corantes. Quando a solução de corante ozonizada foi tratada através de um processo anaeróbico, observou-se que a absorvância nesses comprimentos de onda é menor em comparação com a absorvância após a fase de ozono-oxidação, o que significa que os orgânicos restantes também estão a ser removidos pelo processo anaeróbico. Fhami et al., (2010) observaram que a ozonização transforma os grupos funcionais no corante azo para produzir subprodutos mais biodegradáveis, que são facilmente removidos por tratamento biológico.

3.4 Identificação de subprodutos por cromatografia iónica

Os produtos formados após o tratamento combinado das soluções de corantes azóicos foram identificados por cromatografia iónica e são apresentados na tabela 5. O cromatograma desta análise é apresentado na figura 12. Estes iões encontrados após o tratamento com ozono também estavam presentes após a biodegradação anaeróbia em concentrações muito baixas. A biodegradação anaeróbia no reator UASB resultou na mineralização completa dos iões oxalato. Durante a ozonização, a clivagem do corante resulta em aminas aromáticas e a sua posterior oxidação/ozonização dá origem a ácidos orgânicos. A oxidação e a clivagem dos grupos amina (NH_2) nas moléculas originais do corante foram oxidadas a nitrato. A oxidação e a clivagem dos grupos sulfónicos resultam na formação do sulfato observado neste estudo.

O mecanismo de degradação da ozonização em moléculas de corantes, que conduz à libertação de derivados de benzeno e naftaleno como subprodutos da ozonização, os quais são posteriormente oxidados em aldeídos, cetonas e outros compostos alifáticos, foi observado por Zhang et al. (2007) e Zhu (2010). A ozonização de soluções de corantes azóicos resultou na formação de compostos aromáticos e alifáticos, que são posteriormente degradados por biodegradação anaeróbia e apresentam uma relação CBO_5/COD melhorada.

A decomposição do ozono na água é o mecanismo em cadeia que é combinado com a iniciação, propagação e terminação. A oxidação ocorre através de radicais hidroxilo altamente reactivos. Estes radicais livres provêm do mecanismo de reação. Esses radicais livres estão prontamente disponíveis para reagir instantaneamente com compostos orgânicos, como os corantes (Siles et al., 2011; Alvarez et al., 2011). Buhler et al., (1984) provaram experimentalmente que os radicais hidroxilo são produtos de decomposição dominantes do ozono em soluções aquosas, e aceleram a decomposição do ozono. A reação do ozono é mais inclinada para a reação direta com o aumento da concentração do inibidor (Guo et al., 2012).

Um mecanismo simples para a decomposição do ozono em solução aquosa é ilustrado na seguinte Eq. (Selcuk 2005).

$O_3 + OH^- \rightarrow HO_2^{\bullet} + O_2^{-\bullet}$ (3)

$O_3 + HO_2^{\bullet} \rightarrow OH^{\bullet} + 2O_2$ (4)

$O_3 + OH^{\bullet} \rightarrow O_3^{\bullet} + OH^{\bullet}$ (5)

$O_3^{\bullet} \rightarrow O^{\bullet} + O_2$ (6)

$O^{\bullet} + H^+ \rightarrow OH^{\bullet}$ (7)

$OH^{\bullet} + HO_2^{\bullet} \rightarrow H_2O + O_2$ (8)

O modelo de Hoigne, Staehelin e Bader (HSB) descreveu o processo de decomposição do ozono em solução aquosa. As rotas de decomposição do ozono com constantes de velocidade de reação seguem a Eq. (Staehelin et al.,1985; Langlais et al.,1991):

$O_3 + OH^- \rightarrow HO_2^{\cdot} + O_2^{-\cdot}$	$k = 70\ M^{-1}s^{-1}$	(9)
$O_3 + O_2^{-\cdot} \rightarrow O_2 + O_3^{-\cdot}$	$k = 1.6 \times 10^9 M^{-1}s^{-1}$	(10)
$H^+ + O_3^{-\cdot} \leftrightarrow HO_3^{\cdot}$	$pK_a = 10.3$	(11)
$HO_3^{\cdot} \rightarrow HO^{\cdot} + O_2$	$k = 1.1 \times 10^5 M^{-1}s^{-1}$	(12)
$HO^{\cdot} + O_3 \rightarrow HO_4^{\cdot}$	$k = 2.0 \times 10^9 M^{-1}s^{-1}$	(13)
$HO_4^{\cdot} \rightarrow HO_2^{\cdot} + O_2$	$k = 2.8 \times 10^4 M^{-1}s^{-1}$	(14)
$2\ HO_4^{\cdot} \rightarrow H_2O_2 + 2O_3$	$k = 5 \times 10^9 M^{-1}s^{-1}$	(15)
$HO_4^{\cdot} + HO_3^{\cdot} \rightarrow H_2O_2 + O_3 + O_2$	$k = 5 \times 10^9 M^{-1}s^{-1}$	(16)

No presente estudo, a absorvância diminui (Fig. 10) na região do UV, o que indica a formação de novos compostos ou a quebra destas moléculas em moléculas mais simples. No presente estudo, o aumento da condutividade da solução de corantes após a ozonização pode servir como uma confirmação indireta da acumulação de iões sulfato e nitrato. Por outro lado, os iões sulfato, nitrato e oxalato foram identificados como produtos finais acumulados e tais compostos são classificados como produtos finais da reação. Perez et al., (2013) relataram que os produtos finais de degradação da ozonização de corantes azóicos foram identificados como sulfato, nitrato, formiato e oxalato.

3.5 Observação do processo combinado para o tratamento de águas residuais de corantes azóicos

Os resultados mostraram que o processo combinado em que a ozonização e a biodegradação anaeróbia desempenham um papel importante na redução da cor e da CQO das águas residuais do corante. Também se observou que é necessário um tempo de ozonização mais longo para a degradação de uma concentração elevada de moléculas de corante Reactive Black 5. Isto afecta imensamente o custo do processo. Antonio Marco et al., (1997) relataram que a mineralização total através do processo de oxidação é altamente dispendiosa, enquanto que uma combinação do processo de oxidação e da opção biológica seria um método mais barato para a degradação de substâncias orgânicas totais. Assim, o tratamento combinado para reduzir o custo do processo de tratamento de águas residuais por ozonização, o processo de tratamento anaeróbio por reator UASB foi utilizado juntamente com a ozonização neste estudo. A ozonização do lixiviado de aterro sanitário foi comprovada como o tratamento pré que melhora a eficiência do tratamento biológico com uma taxa de remoção total de 71,94% (Qiao et al., 2012). O tratamento combinado reduziu o nível de CQO de forma muito mais significativa, que é de cerca de 90% no Reactive Black 5 e 85% no Acid Red 14. Também reduz o COT de forma notável, como se pode ver nas figuras 13 e 14. A cor apresentou menos de 10 na escala Pt-Co, como mostra a figura 15. As tabelas 6 e 7 mostram a remoção do conteúdo orgânico após o processo combinado. A ozonização como pré-tratamento para o tratamento químico-biológico combinado é um processo potencial para melhorar a eficiência da remoção de cor, tendo sido obtidas eficiências superiores a 96% (De souza et al., 2010). Wang et al., (2008) relataram que o processo biológico de filtro arejado como pós-tratamento após a ozonização foi utilizado para tratar águas residuais de lavagem de têxteis. Os resultados mostraram que a qualidade do afluente era de cerca de 80 mg/L e a cor de 16 graus, após o processo combinado a qualidade do efluente era de menos de 30 mg/L e a cor de 2 graus, respetivamente.

Capítulo 4

4. CONCLUSÕES

Foi desenvolvido um novo processo combinado e económico utilizando a ozonização e um processo anaeróbio subsequente para o tratamento de águas residuais de corantes. Este processo combinado permitiu obter uma redução de 90% da CQO total e de 84% do COT total em Reactive Black 5 e uma redução de 85% da CQO total e de 74% do COT total em soluções de corante Acid Red 14 através deste processo combinado. Observou-se também que, para a redução de elevada CQO, cor e COT, era necessário um tempo de ozonização mais longo, o que afectava o custo total do tratamento. Assim, a biodegradação anaeróbia por reator UASB foi utilizada juntamente com a ozonização para reduzir a CQO e o nível de COT, bem como para otimizar o processo de tratamento por ozonização. Os parâmetros operacionais como o pH, a condutividade, a cor e o carbono orgânico total (COT) também foram analisados e os resultados mostraram que o valor inicial do pH diminuiu com o tempo de contacto da ozonização, o que indica que a geração de subprodutos com natureza ácida (aniões inorgânicos e ácidos orgânicos) como resultado da oxidação pelo ozono. A concentração do corante diminui com o aumento do tempo de ozonização. O tratamento por ozonização leva a uma remoção do corante até 94% da concentração inicial em poucos minutos (<25 min) e a remoção da cor é inferior a 10 na escala Pt-Co. A ozonização resultou num aumento do rácio CBO5/COD das soluções de corante. A solução de corante ozonizada mostrou a presença de aniões orgânicos como iões oxalato e aniões inorgânicos (sulfatos e nitratos) como subprodutos finais da degradação.

RECONHECIMENTO

Agradecemos a ajuda e o apoio prestados pelo MNNIT Allahabad para a realização do presente trabalho.

REFERÊNCIAS

Abidin, C.Z.A., Ridwan, F.M. (2011). Caraterística de COD e remoção de cor de corante azo em ozonização e tratamento biológico, Conferência Nacional de Pós-Graduação (NPC), Kuala Lumpur, 1-5.

Abidin, Che Zulzikrami Azner, Muhammad Ridwan Fahmi, Ong Soon-An, Siti Nurfatin Nadhirah Mohd Makhtar, Nazzery Rosmady Rahmat (2015). Decolourização de um corante azo em solução aquosa por ozonização em um reator de coluna de bolhas semi-batch, Science Asia, 41, 49-54.

Ali, H. (2010) Biodegradação de corantes sintéticos - uma revisão. Water, Air and Soil Pollution, 213, 251-273.

Alvarez, P.M., Pocostales, J. P. e Beltran, F. J. (2011). O carvão ativado granular promoveu a ozonização de um efluente secundário de processamento de alimentos, Journal of Hazardous Materials, 185(2-3), 776-783.

Antonio Marco, Santiago Esplugas e Gabriele Saum (1997) How and why combine chemical and biological processes for wastewater treatment Water
Ciência e Tecnologia, 35, (4), 321-327.

Antonio Marco, Santiago Esplugas e Gabriele Saum (1997). Como e porquê combinar processos químicos e biológicos para o tratamento de águas residuais, Water Science and Technology, 35(4), 321-327.

Biati, A., Khezri, S.M., Mohammadi Bidokhti, A. (2014) Determinação do tempo de exposição e do pH óptimos para a adsorção de corantes utilizando um adsorvente feito de lamas de depuração. Int. J. moraEnviron. Res., 8, (3), 653-658.

Buehler, R.E., Staehelin, J., Hoigne, J. (1984). Decomposição de ozono em água estudada por radiólise por impulsos. 1. Peridroxil (HO2)/hiperóxido (O2-) e HO3/O3- como intermediários, J Phys Chem, 88, 2560-2564.

Chang, J. S., Kuo, T.S., Chao, Y.P., Ho, J.Y. e Lin, P.J. (2000) Azo Dye Decolourization with a Mutant Escherichia coli Strain. Biotechnology Letters, 22, 807.

Chaudhari, K., Bhatt, V., Bhargava, A., Seshadri, S. (2011) Combinational system for the treatment of textile waste water: a future perspective. Asian J. Water Environ. Pollut., 8, 127-136.

Constapel, M., Schellentriager, M., Marzinkowski, J.M., Gab, S. (2009). Degradação de corantes reactivos em águas residuais da indústria têxtil por ozono: Análise dos produtos por massas exactas, Water Res., 43, 733-743.

De Souza, A.M.A.G.U., Bonilla, K.A.S., De Souza, A.A.U. (2010). Remoção de DQO e cor de corante azo têxtil hidrolisado por ozonização combinada e tratamento biológico, J. Hazard. Mater., 179, 35-42.

Dos Santos, A.B., Cervantes, F.J., van Lier, J.B. (2007) Review Paper on Current Technologies for Decolourisation of Textile Wastewaters: Perspectivas para a Biotecnologia Anaeróbia. Bioresour. Technol., 98, (12), 2369-85.

Easton, J. R. (1995) The dye maker's view, in color in dyehouse effluents, P. Cooper,

Editor. Society of dyes and colorists: Bradford, Inglaterra, 9-21.

Fahmi, M.R., Che Zulzikrami Azner Abidin e Nazerry Rosmady Rahmat (2011). Caraterística da Cor e Remoção de CQO do Corante Azo por Processo de Oxidação Avançada e Tratamento Biológico, Conferência Internacional sobre Biotecnologia e Gestão Ambiental, IPCBEE.,18, 13-18.

Fahmi, R., Abidin, C.Z.A., Rahmat, N.R. (2010). Ozonização em várias fases e tratamento biológico para remoção de efluentes industriais de corantes azóicos, International Journal of Environmental Science and Development, 1(2), 193-198.

Gahr, F., Hermanutz, F. e Oppermann, W. (1994) Ozonização - Uma técnica importante para cumprir a nova legislação alemã relativa ao tratamento de águas residuais têxteis. Water Sci. Technol., 30,

Ganesh, P.S., Ramasamy, E.V., Gajalakshmi, S., Sanjeevi, R. e Abbasi, S.A. (2007). Estudos sobre o tratamento de efluentes de baixa intensidade por reator UASB e a sua aplicação às águas de lavagem da indústria leiteira, Indian Journal of Biotechnology, 6, 234-238.

Gharbani, P., Tabatabai, S.M., Mehrizad, A. (2008). Remoção do vermelho do Congo das águas residuais têxteis por ozonização, Int. J. Environ. Sci. Tech., 5(4),495-500.

Guo, Y., Li Yang, Xiaoliang Cheng e Xiangtao Wang (2012). A aplicação e o mecanismo de reação da ozonização catalítica no tratamento da água, J. Environ. Anal Toxicol.,2-7.

Kang, S.F., Liao, C.H., e Po, S.T. (2000) Decolourization of Textile Wastewaterby Photo-Fenton Oxidation Technology. Chemosphere, 41, 12871295.

Khare, U.K., Purnendu, B., e Vankar, P. S. (2007) Impact of ozonation on subsequent treatment of azo dye solutions. J Chem Technol Biotechnol, 82, 1012-1022.

Langlais, B., Reckhow, D.A. e Brink, D.R. (1991). Ozonização em água Aplicações e Engenharia de Tratamento, Relatório de Investigação Cooperativa, AWWRF e Compagnie Generale des Eaux, Lewis Publishers.

Marisa, P., Nilsson, F., Anbalagan, A., Svensson, Britt-Marie, Jonsson, K., Mattiasson Bo e Jonstrup, M. (2015). Processo combinado de anaeróbio-ozonização para o tratamento de águas residuais têxteis: Remoção de toxicidade aguda e mutagenicidade, In. Journal of hazardous materials, 292, 52-60.

Morawski, B., Quan, S., e Arnold, F.H. (2001) Functional Expression and Stabilization of Horseradish Peroxidase by Direted Evolution in Saccharomyces cerevisiae. Biotechnol. Bioeng., 76, (2), 99-107.

Paprocki, Alexandre, Heldiane S. dos Santos, Marta E. Hammerschitt, Margal Pires e Carla M. N. Azevedo (2010). Ozonização do Corante Azo Ácido Preto 1 sob o Efeito de Supressão pelo Íon Cloreto, J. Braz. Chem. Soc., 21(3), 452460.

Perez, A., Poznyak, T., Chairez, I. (2013). Efeito dos aditivos na decomposição à base de ozono dos corantes Reactive Black 5 e Diret Red 28, Water Environment Research, 85(4), 291-300.

Praveen Kumar G.N. e Bhat Sumangala K. (2012) Descoloração do corante Azo Vermelho 3BN por Bactérias. Revista Internacional de Investigação em Ciências Biológicas, 1, (5), 46-52.

Qiao, Y. (2012). Pré-tratamento de ozono para melhorar a degradação anaeróbia de orgânicos de lixiviados de aterros refractários, Universidade Estadual da Flórida, Tese de Mestrado.

Raghavacharya, C. (1997) Colour Removal from Industrial effluents - A comparative review of available technologies. Chem. Eng. World, 32, (7), 5354.

Robinson, T., Chandran, B., e Nigam, P. (2001b) Estudos sobre a produção de enzimas por fungos de podridão branca para a descoloração de corantes têxteis. Enz. Micro. Technol., 29, 575-579.

Saratale, R.G., Saratale, G.D., Chang, J.S. e Govindwar, S.P. (2011) Descoloração de materiais e degradação de corantes azo: Uma revisão. Jornal do Instituto de Engenheiros Químicos de Taiwan, 42: 138-157.

Schrank, S. G., Jose, H. J., Moreira, R. F. P. M. e Schroder, H. Fr. (2004) Elucidação do comportamento das águas residuais de curtumes em condições de oxidação avançada. Chemosphere, 56, 411-423.

Selcuk, H. (2005). Decolourização e desintoxicação de águas residuais têxteis por ozonização e processo de coagulação, Dyes and Pigments, 64, 217-222.

Shaolan, D., Zhengkun, Li. Wangrui (2010) Visão geral da tecnologia de tratamento de águas residuais de tingimento. Proteção dos recursos hídricos, 26, 73-78.

Siles, J. A., Garcia-Garcia, I., Martin, A. e Martin, M. A. (2011). Tratamentos integrados de ozonização e biometanização da vinhaça derivada do fabrico de etanol, Journal of hazardous materials, 188, 247-253.

Somensi, C.A., Edesio, L.S., Savio, L.B., Alberto, W. Jr, Claudemir, M. R. (2010). Utilização de ozono numa instalação à escala piloto para o pré-tratamento de águas residuais têxteis: Eficiência físico-química, identificação de subprodutos de degradação e toxicidade ambiental das águas residuais tratadas, Journal of Hazardous Materials, 175, 235-240.

Staehelin, J. e Hoigne, J. (1985). Decomposição do ozono em água na presença de solutos orgânicos que actuam como promotores e inibidores de reacções radicais em cadeia, Environ Sci. Technol., 19, 1206-12013.

Subramaniam, S., Sivasubramanian, S., Swaminathan, K., Lin, F.H. (2009) Adsorção de corantes sintéticos mediada por Trichoderma harzianum metabolicamente inativo: Estudos de Equilíbrio e Cinética. J. Taiwan Inst. Chem. Engrs., 40, (4), 394.

Sundrarajan, M., Vishnu, G. e Joseph, K. (2007). Ozonation of light shaded exhausted reactive dye bath for reuse, Dyes and Pigments, 75(2), 273-278.

Tehrani-Bagha, A.R., Mahmoodi, N.M., Menger, F.M. (2010). Degradação de um corante orgânico persistente de águas residuais têxteis coloridas por ozonização, Dessalinização, 260, 34-38.

Telke, A., Kalyani, D., Jadhav, J., Govindwar, S. (2008) Cinética e mecanismo de degradação do Reactive Red141 por um isolado bacteriano Rhizobium radiobacter MTCC 8161. Ata Chim. Slov., 55, 320.

Tsai, W. T., Chang, C. Y., Ing, C. H. e Chang, C. F. (2004) Adsorção de corantes ácidos de uma solução aquosa em terra de branqueamento activada. Journal of collide and interface science, 275, 10, 72-78.

Tyagi, O. D. e Yadav, M. (1998) A text book of synthetic dyes, Anmol Publication, New Delhi.

Venkatesh, S., Quaff, A.R., Pandey, N.D. (2014). Decolourização e Mineralização do C.I. Diret Red 28 Azo Dye por Ozonação, Desaslinação e Tratamento de Água, 52, 1-11.

Venkatesh, S., Quaff, A.R., Pandey, N.D. (2015). Impacto da Ozonização na Decolourização e Mineralização de Corantes Azo: Biodegradabilidade

Melhoria, formação de subprodutos, energia e custos necessários, Jr. of Ozone: Science & Engineering, 37,420-430.

Wang C., Yediler, A., Lienert, D., Wang, Z. e Kettrup, A. (2003) Ozonização de um corante azo C.I. Remazol Black 5 e avaliação toxicológica dos seus produtos de oxidação. Chemosphere, 52, (7), 1225-1232.

Wang, X.J., Chen, S.L., Gu, X.Y., Wang, K.Y. e Qian, Y.Z. (2008).

Águas residuais de lavagem de têxteis tratadas com filtro biológico aerado para reutilização após pré-tratamento por ozonização, Ciência e Tecnologia da Água, 921-923, doi: 10.2166/wst.2008.421.

Yasar, A., Tabinda, A.B. (2010). Tratamento Anaeróbio de Águas Residuais Industriais por Reator UASB Integrado com Processos de Oxidação Química; uma Visão Geral, Polish J. of Environ. Stud., 19(5), 1051-1061.

Zhang, F. F., Yediler, A. e Liang, X. (2007). Vias de decomposição e formação de intermediários de reação do corante azo reativo purificado e hidrolisado C.I. Reactive Red 120 durante a ozonização, Chemosphere, 67(4), 712-717.

Zhu Wenda (2010). Descoloração de corantes alimentares com base no ozono: Caracterização e Aplicação à Reciclagem de Couros de Fruta, Tese de Mestrado.

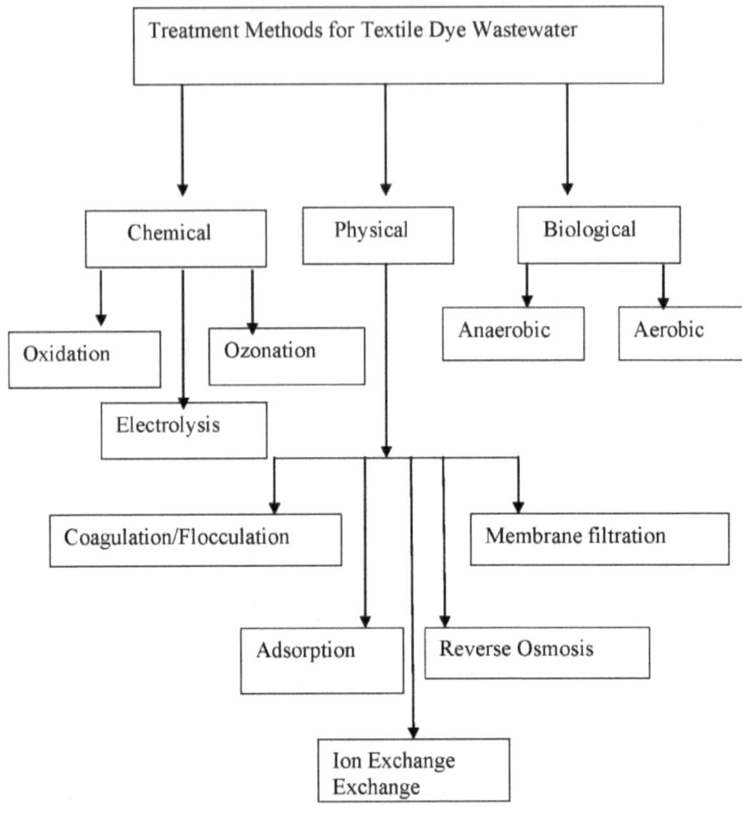

Figura 1 Diagrama de fluxo dos métodos de tratamento de águas residuais de tintas têxteis

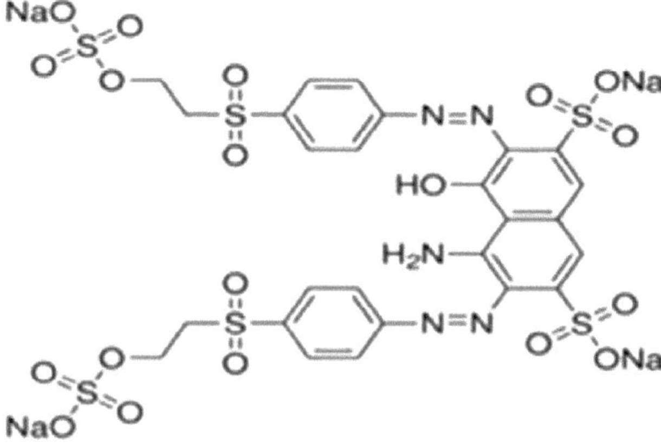

Figura 2 Estrutura química do negro reativo 5

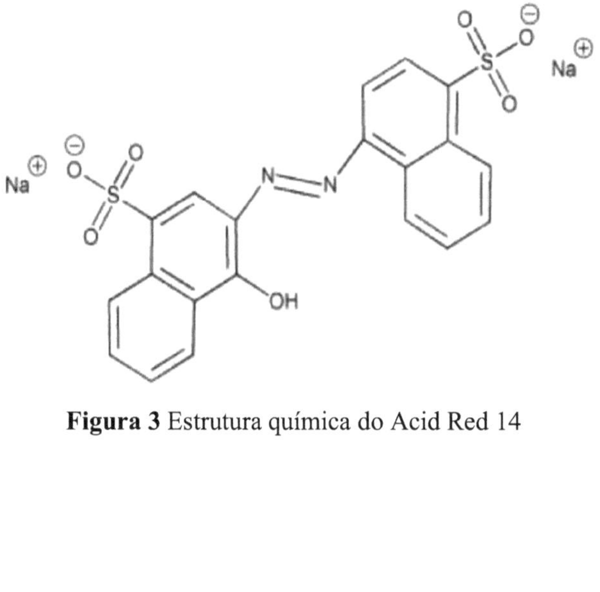

Figura 3 Estrutura química do Acid Red 14

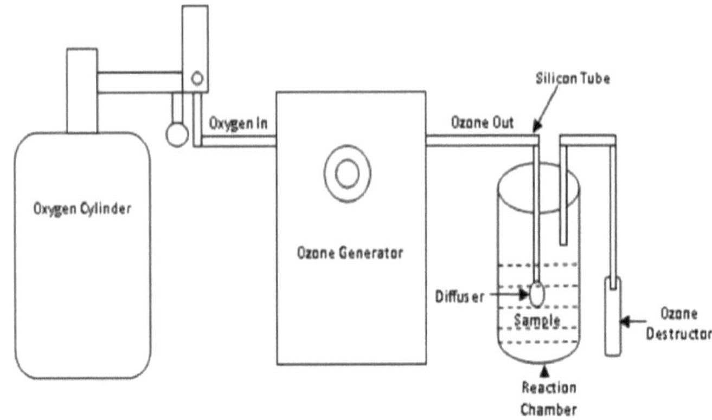

Figura 4 Diagrama esquemático do aparelho de ozonização

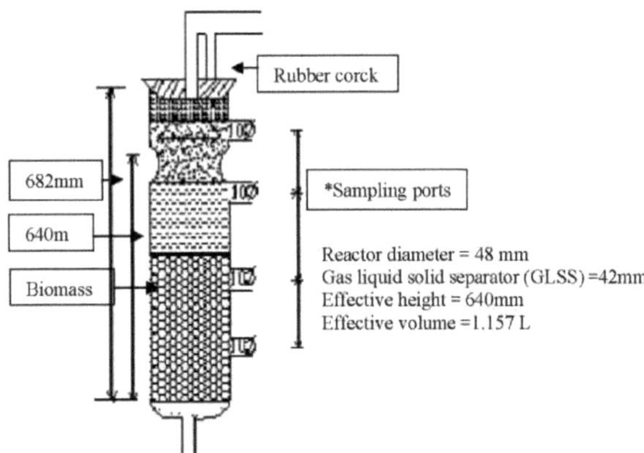

Figura 5 Diagrama esquemático do reator UASB

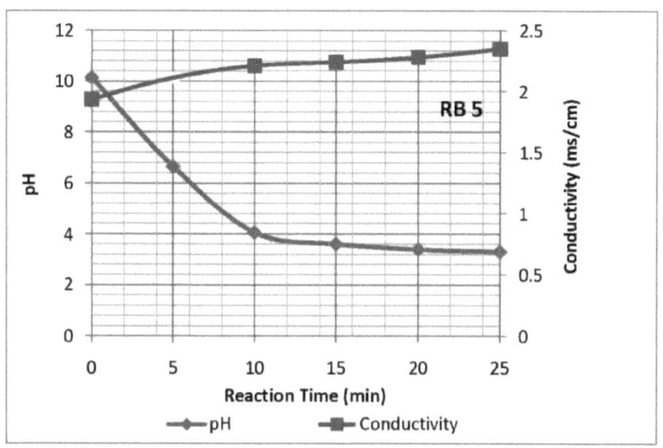

Figura 6 Variação do pH e da condutividade a 25 C com o tempo de ozonização para uma concentração inicial de corante de 1500mg/L de Reactive Black 5

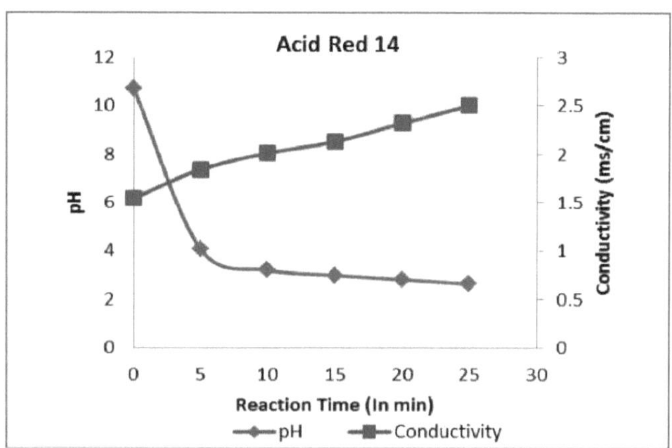

Figura 7 Variação do pH e da condutividade a 25° C com o tempo de ozonização para concentração inicial de corante de 1500mg/L de Acid Red 14

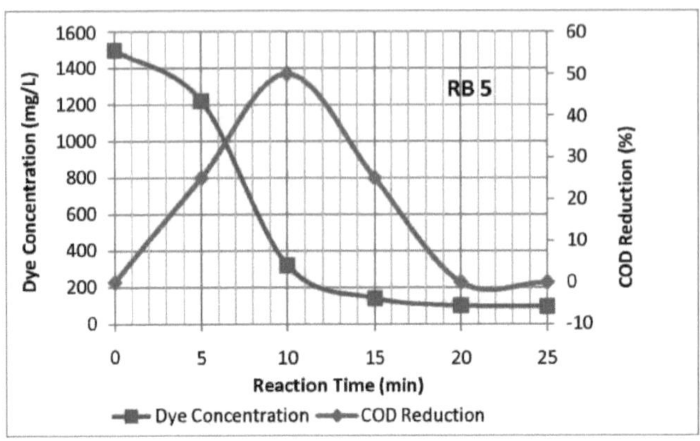

Figura 8 Redução da concentração de corante e da CQO durante a ozonização da solução de corante Reactive Black 5

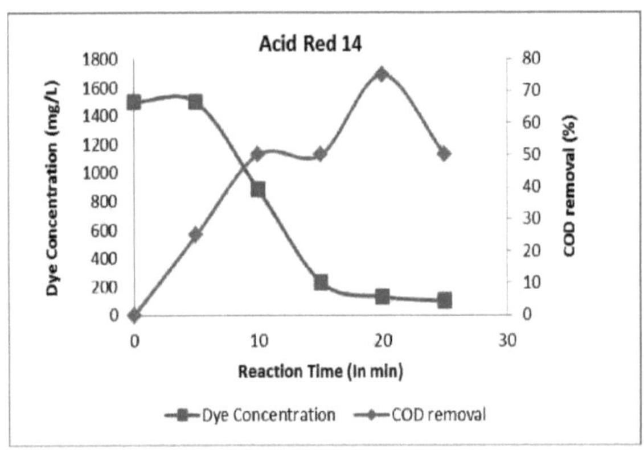

Figura 9 Redução da concentração do corante e da CQO durante a ozonização da solução do corante Acid Red 14

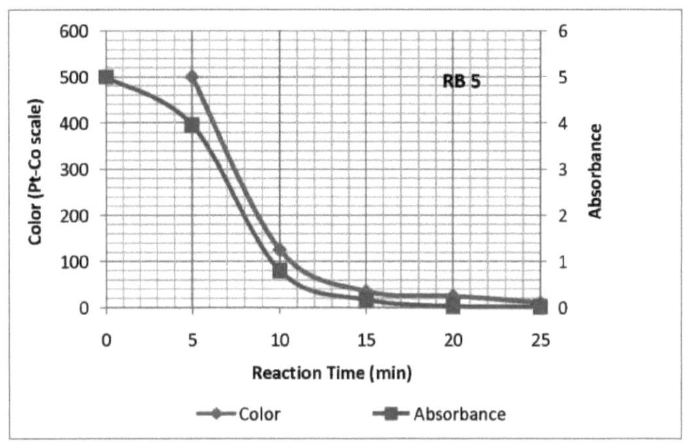

Figura 10 Dinâmica de descoloração da solução de corante azo

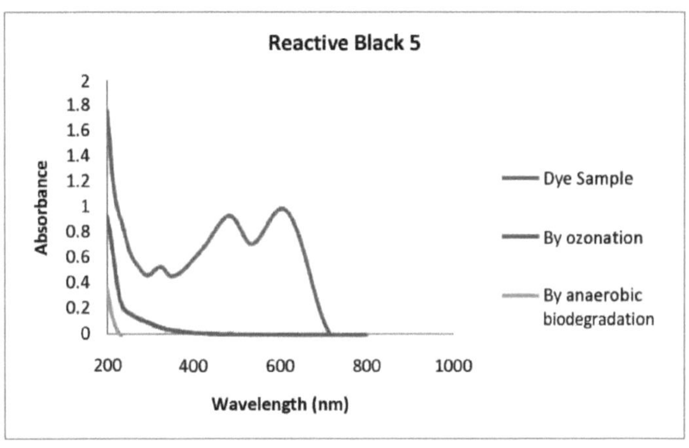

Figura 11 Variações do espetro UV-Vis do corante Reactive Black 5

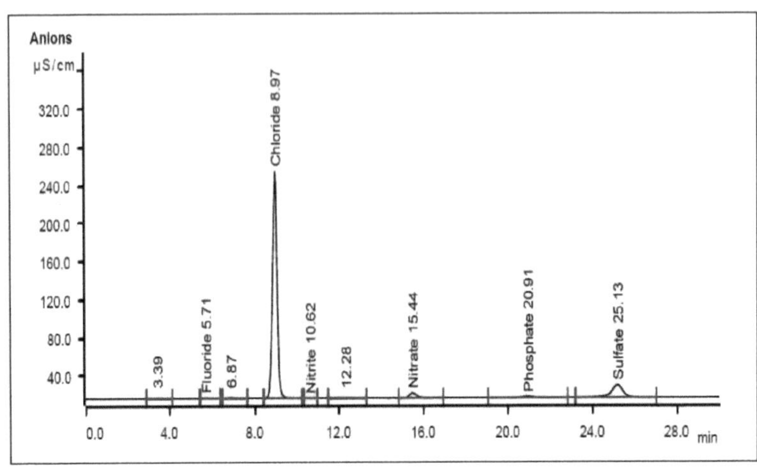

Figura 12 Cromatograma de iões após o processo anaeróbio da solução de corante azoico

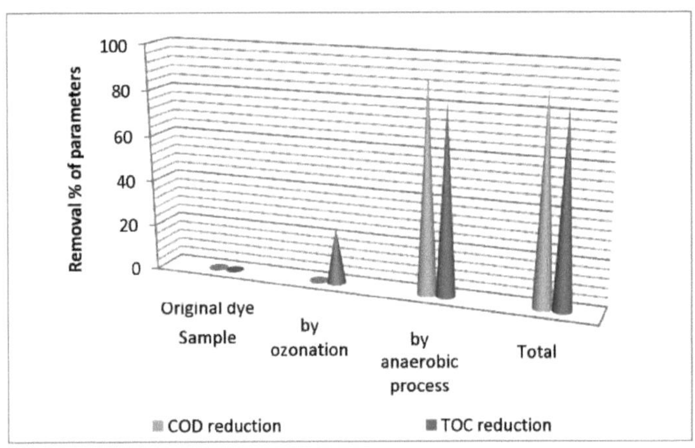

Figura 13 Diminuição da CQO e do COT após o processo combinado no Reactive Black 5

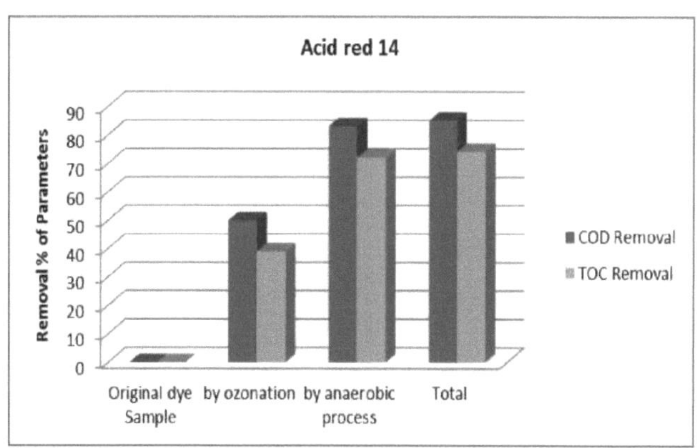

Figura 14 Diminuição da CQO e do COT após o processo combinado no Acid Red 14

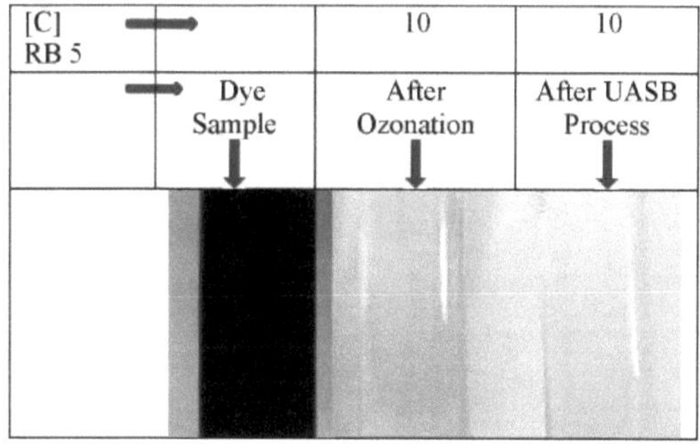

Figura 15 Remoção de cor após tratamento combinado

Quadro 1 Classificação dos corantes

Dyes Classification		
Sr. No.	***Application***	***Chemical structure***
1.	Direct dyes	Nitro & Nitrosodyes
2.	Mordant dyes	Triphenyl methane dyes
3.	Ingrain dyes	Azo dyes
4.	Vat dyes	Phthalein dyes

Quadro 2 Grau de fixação estimado para diferentes combinações de corantes

Dyes Class	Fiber	Degree of Fixation (%)	Loss to Effluent (%)
Acidic	Polyamide	80-95	5-20
Basic	Acrylic	95-100	0-5
Direct	Cellulose	70-95	5-30
Disperse	polyester	90-100	0-10
Metal Complex	Wool	90-98	2-10
Reactive	Cellulose	50-90	10-50
Sulphur	Cellulose	60-90	10-40
Vat	Cellulose	80-95	5-20

Quadro 3 Caraterísticas do Acid Red 14 e do Reactive Black 5

PROPERTIES	ACID RED 14	REACTIVE BLACK 5
IUPAC Name	Disodium 4-hydroxy-2-[(E)-(4-sulfonato-1-naphthyl) diazenyl]naphthalene-1-sulfonate	Tetrasodium (6Z)-4-amino-5-oxo-3-[4-(2sulfonatooxyethylsulfonyl)phenyl]diazenyl-6-[[4-(2 sulfonatooxyethylsulfonyl)phenyl]hydrazinylidene]naphthalene-2,7-disulfonate
Synonyms	C.I. Food Red 3, Azorubine	C.I. Remazol Black B
Molecular formula	$C_{20}H_{12}N_2Na_2O_7S_2$	$C_{26}H_{21}N_5Na_4O_{19}S_6$
Molecular wt.	502.44 g/mol	991.82 g/mol
C.I. Number	14720	20505
Dye class & type	Monoazo, Acid dye	Diazo , Reactive dye
Appearance	Red powder	Brongy dark Black
Purity	24.92% (CHN) basis)	65.56 % (CHN basis)
Absorption Maxima	507nm	600nm
Water Solubility	Soluble	Soluble
Melting point	>300°C	>300°C
Uses	As Food dyes	Used on cotton, dyeing and printing

Tabela 4 Propriedades do corante

PROPERTIES	ACID RED 14	REACTIVE BLACK 5
Chemical formula	$C_{20}H_{12}N_2Na_2O_7S_2$	$C_{26}H_{21}N_5Na_4O_{19}S_6$
Expected % Carbon	47.76	31.5
Measured % Carbon	11.9	20.65
Expected TOC, %	43	26.62
Measured TOC, %	20.94	17.39
Percent Purity (TOC Basis)	48.7	65.34
Percent Purity (% Carbon)	24.92	65.56

Quadro 5 Análise dos subprodutos da solução de corante Reactive Black 5

Inorganic/organic ions Concentration (mg/L)	After ozonation	After Anaerobic Biodegradation
Sulphate	134.11	55.22
Nitrate	19.63	18.48
Nitrite	ND	0.26
Fluoride	1.2	0.48
Chloride	525.93	266.83
Phosphate	ND	15.16
Oxalate	107.53	Nil

Tabela 6 Remoção do conteúdo orgânico após processo combinado no Reactive Black 5

Parameters	Original Dye solution	After 25 minutes Ozonation process	Influent for UASB (Ozonated dye solution & synthetic domestic w/w in 1:1 ratio)	Effluent of UASB reactor	Overall % removal
Reactive black 5 Dye Concentration: 1500 mg/L					
pH at 25°C	10.13	3.3	7.52 ± 0.045	8.49 ±0.411	--
COD (mg/L)	426.66±0.5 4	426.66±0.3 6	478.0 ± 3.00	40.29 ± 2.46	90
BOD (mg/L)	ND	173	193	18	--
TOC (mg/L)	173.94	132.2	149	27.63	84
BOD5/COD Ratio	ND	0.41	0.41	0.42	--
Colour (Pt-Co Scale)	ND	10	BDL	10	--
COD/TOC Ratio	2.45	3.22	3.22	1.54	--
Conductivity (mS/cm) at 25° C	1.935	2.35	1.2	1.1	--

**Concentração de corante: 1500 mg/L*

Tabela 7 Remoção do conteúdo orgânico após processo combinado em Acid Red 14

Parameters	Original Dye solution	After 25 minutes Ozonation process	Influent for UASB (Ozonated dye solution & synthetic domestic w/w in 1:1 ratio)	Effluent of UASB reactor	Overall % removal
Acid Red 14 Dye Concentration: 1500 mg/L					
pH at 25°C	10.7	2.65	6.84 ± 0.205	8.11 ± 0.092	--
COD (mg/L)	426.5±2.78	214.0 ±1.00	372.0 ± 4.0	64.6 ± 2.98	85
BOD (mg/L)	ND	98	173	38	--
TOC (mg/L)	209.45	127.9	196	54.73	74
BOD_5/COD	ND	0.45	0.46	0.59	--
COD/TOC	2.03	1.67	1.90	1.16	--
Conductivity (mS/cm) at 25°C	1.543	2.5	1.3	1.2	--

Printed by Books on Demand GmbH, Norderstedt / Germany